技工院校建筑类专业教材
职业院校建筑类专业教材

JIGONG YUANXIAO
JIANZHULEI ZHUANYE JIAOCAI

室内设计习题册

ZHIYE YUANXIAO
JIANZHULEI ZHUANYE JIAOCAI

许容萍◎主编

中国劳动社会保障出版社

图书在版编目（CIP）数据

室内设计习题册 / 许容萍主编 . -- 北京 : 中国劳动社会保障出版社，2024. --（技工院校建筑类专业教材）（职业院校建筑类专业教材）. -- ISBN 978-7-5167-6543-2

Ⅰ. TU238.2-44

中国国家版本馆 CIP 数据核字第 2024P263K3 号

中国劳动社会保障出版社出版发行

（北京市惠新东街 1 号　邮政编码：100029）

*

北京市鑫霸印务有限公司印刷装订　　新华书店经销

787 毫米 ×1092 毫米　16 开本　2 印张　39 千字

2024 年 10 月第 1 版　　2024 年 10 月第 1 次印刷

定价：5.00 元

营销中心电话：400-606-6496

出版社网址：https://www.class.com.cn

https://jg.class.com.cn

本习题册是建筑类专业教材《室内设计》的配套习题册。

本习题册根据教材内容分章节编写，包括室内设计概述、居住空间设计、办公空间设计、酒店空间设计、商店空间设计、餐饮空间设计，有填空题、单选题、判断题、名词解释、简答题、方案设计等多种题型，供学生课后练习使用。本习题册配有参考答案，可通过技工教育网（https://jg.class.com.cn）下载。

本习题册由许容萍主编，肖华华参与编写。

第一章　室内设计概述 /1

第二章　居住空间设计 /5

第三章　办公空间设计 /9

第四章　酒店空间设计 /13

第五章　商店空间设计 /17

第六章　餐饮空间设计 /21

第一章 室内设计概述

一、填空题（将正确答案填在横线空白处）

1. 室内空间环境要既具有__________，也能反映历史文化底蕴、建筑风格、环境气氛等，是物质与精神、科学与艺术、感性与理性的高度结合。

2. 办公用建筑空间室内设计主要涉及__________和商业办公楼内部办公室、会议室以及报告厅的室内设计。

3. 室内设计的出发点和最终目的都是__________，满足人们生活、生产活动的需要，为人们创造理想的室内空间环境，使人们生活在其中能感受到被关怀和被尊重。

4. 设计师进行室内设计前，必须对建筑物的功能特点、__________、结构构成、设施设备等情况有充分了解，进而对建筑物所在地区的室外环境等也有所了解。

5. 人们常笼统地把室内设计分为家装设计和__________两大类。

6. 室内界面处理是指对室内空间的地面、墙面、顶面等各界面的__________进行分析，对界面的形状、图形线脚、肌理构成，对界面和结构的连接方式，对界面和风、水、电等管线设施的协调配合等进行设计。

7. 饰面材料选用直接关系到室内设计的实用效果和__________，巧于用材是室内设计的一门学问。

8. 古典风格泛指人类在进入工业革命前的传统装饰风格，按照地域可以分为西方古典风格和__________。

二、单选题（将正确答案的字母填在括号内）

1. 下列选项中，属于公共建筑空间室内设计的是（　　）。

A. 办公空间　　B. 客厅　　C. 学校　　D. 专卖店

2. 室内照明包括室内环境的天然采光和（　　）。

A. 风向　　B. 空间结构　　C. 人工照明　　D. 地理位置

3. 室内设计根据设计的进程，通常可以分为（　　）四个阶段。

A. 资料收集、设计准备、方案设计、施工图设计

B. 设计构思、方案设计、施工图设计和设计实施

C. 设计准备、效果图绘制、施工图设计和设计实施

D. 设计准备、方案设计、施工图设计和设计实施

4. 设计准备阶段的主要工作流程是接受委托任务书，签订合同或者根据（　　）要求参加投标。

A. 施工图　　B. 标书　　C. 报价表　　D. 设计要求

5. 室内设计中平面图的常用比例为（　　）。

A. 1∶70、1∶100　　B. 1∶50、1∶100

C. 1∶50、1∶60　　D. 1∶20、1∶100

6. 室内设计的风格和流派往往与建筑物以及家具的流派和（　　）紧密结合。

A. 风格　　B. 结构　　C. 空间　　D. 组成

7. 巴洛克风格的艺术特点是（　　）。

A. 怪诞、变形、不规整　　B. 拉伸、变形、不规整

C. 怪诞、扭曲、不规整　　D. 怪诞、变形、延长

8. 中国古典风格喜欢采用的装饰色彩为（　　）。

A. 黑、白　　B. 黄、红　　C. 红、紫　　D. 黑、红

三、判断题（正确的在题后括号内打“√”，错误的打“×”）

1. 新中式风格在设计上继承了宋代、明清时期家居理念的精华。（　　）

2. 地中海风格的建筑特色是有拱门与半拱门、马蹄状的门窗。（　　）

3. 风格等同于形式。（　　）

4. 洛可可风格是18世纪盛行于欧洲宫廷的一种室内设计风格。（　　）

5. 日本古典风格室内设计最大的特征是注重多功能性。（　　）

6. 东方古典风格包括中国古典风格、日本古典风格两种类型。（　　）

7. 白色派的核心理念是选用白色。（　　）

8. 风格派进行室内设计时常以几何方块为基础。（　　）

四、名词解释

1. 室内设计

2．室内界面

3．室内设计风格

五、简答题

1．室内设计的基本要求有哪些?

2．室内设计的分类方法有哪些?

3．现代主义运动的特点有哪些？

4．室内初步设计方案的文件有哪些？

5．室内设计的风格有哪些？

第二章 居住空间设计

一、填空题（将正确答案填在横线空白处）

1. 居住空间设计与人们生活密切相关，一般以 ____________ 为对象，以创造舒适、安全、健康、美观的室内生活环境为目标。

2. 设计师要精心为客户“把脉”，了解客户的需求，以便更好地创造室内环境，在满足客户 ____________ 的同时满足其审美需求和自我实现需求。

3. 设计的本质在于 ____________。

4. 照明设计的内容主要包括室内环境整体和局部灯光的照度、____________ 确定，灯具及灯饰选用、位置确定，线路及控制系统、开关及插座位置确定。

5. 构思是室内设计的基础，构思的内容包括整个室内空间和 ____________ 室内空间的格调、气氛和特色。

6. 室内设计方案完成后，设计师要通过制作 ____________ 来展示设计效果。

7. 室内装修的污染物主要有 ____________、苯和苯化物、放射性物质。

8. 设计师要在熟悉设计资料和 ____________ 的基础上进行空间分隔，合理组织空间关系。

二、单选题（将正确答案的字母填在括号内）

1. 空间的处理就是根据客户的需求，对空间进行（　　）。

A. 拆除　　B. 组织与布局　　C. 砌墙　　D. 分隔

2. 现代简约风格在设计上崇尚简洁实用，常使用玻璃、不锈钢、镜面等装饰材料；在色彩上追求朴素干净，常使用的色彩是（　　）。

A. 黑、白、灰　　B. 黑、白、红　　C. 灰、白、灰　　D. 黄、白、灰

3. 下列选项中，不符合客厅设计要求的是（　　）。

A. 整个客厅的布局和装饰要协调统一

B. 客厅设计必须有特点

C. 客厅分区要合理

D. 要着重设计客厅的四面墙

4. 电视柜的高度一般为（　　）。

A. 400 ~ 600 mm　　B. 400 ~ 780 mm

C. 500 ~ 780 mm　　D. 300 ~ 680 mm

5．餐厅设计时，在色彩上应该采用（　　）。

A．灰色调　　B．冷色调　　C．暖色调　　D．中性色调

6．下列选项中，能够为人们提供一个稳定舒适的就餐区域的是（　　）。

A．方形餐厅　　B．弧形餐厅　　C．非独立餐厅　　D．独立餐厅

7．下列选项中，符合厨房操作流程的是（　　）。

A．储存→清洗→准备→烹调　　B．储存→烹调→准备→清洗

C．准备→储存→烹调→清洗　　D．准备→清洗→储存→烹调

8．床的长度一般为（　　）左右。

A．1 800 mm　　B．1 600 mm　　C．2 000 mm　　D．2 200 mm

三、判断题（正确的在题后括号内打“√”，错误的打“×”）

1．书房的基本功能有工作、陈设、视听、阅读、通信、会客等。（　　）

2．主卧的设计应该营造一种温馨、浪漫的氛围。（　　）

3．设计师在进行方案设计时，只要按照自己的想法进行设计就行。（　　）

4．室内设计时，最先应进行的是平面布局设计、天花设计 。（　　）

5．设计师在与客户洽谈中要充分运用好设计语言，要杜绝沟通中“嘴说”方案的情况。（　　）

6．在设计天花之前，只要确定天花标高即可。（　　）

7．室内装修设计时应尽量选用无毒或少毒的材料。（　　）

8．在室内空间设计时，客厅、餐厅、卧室、书房等的设计风格都可以不一样。（　　）

四、名词解释

1．居住空间设计

2．平面布置设计

3. 立面设计

4. 主题墙

五、简答题

1. 居住空间的设计理念有哪些?

2. 居住空间设计的内容有哪些?

3. 简述客厅的设计原则。

4. 餐厅的设置形式有哪些?

六、方案设计

根据某家居空间平面图，编制一个家居空间的设计方案。

1. 设计项目：广州市某居民家。

2. 户型结构：层高 2.85 m，该家居空间平面图如图 2–1 所示。

3. 客户信息：常住家庭成员有 3 人，夫妻 2 人和一名 9 岁小女孩。家庭成员都比较喜欢简约、舒适、温馨的客厅空间。

4. 设计要求：要有客厅、餐厅、卧室、厨房、卫生间等几个空间。客厅内设有读书功能区（闭合或开放式），采用立式空调，搭配好绿植。要求各空间功能区划分合理，流线简明；整体色调清新淡雅、和谐统一。

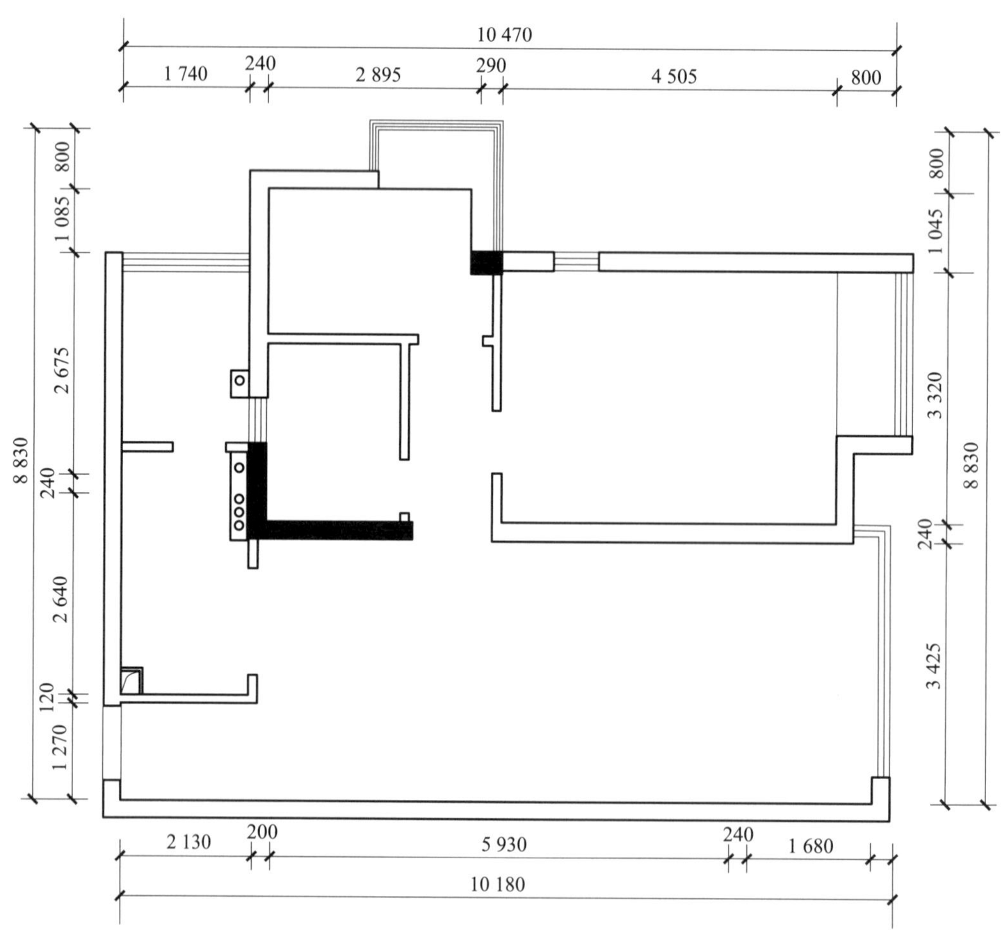

图 2–1　家居空间平面图

第三章 办公空间设计

一、填空题（将正确答案填在横线空白处）

1. 办公空间按单位业务性质不同一般可分为行政办公空间、商业办公空间、________。

2. 办公空间通常由__________、公共接待空间、交通联系空间、配套服务空间、附属设施空间等构成。

3. 交通联系空间一般包括水平交通联系空间、_____________空间两种。

4. 门厅设计要有__________和艺术性。

5. 按空间大小不同，会议室可分为__________和__________。

6. 随着经济的发展，办公空间设计向景观化、人性化、__________发展。

7. 办公空间设计的最终目的是__________。

8. 从空间的性质来看，办公空间包含了物理空间和__________。

二、单选题（将正确答案的字母填在括号内）

1. 在办公空间设计时，设计师应该力求办公环境（　　）。

A. 安全、舒适、高效　　B. 安全、舒适、和谐

C. 安全、放松、和谐　　D. 娱乐、舒适、和谐

2. 科学技术使办公信息能够被准确采集、正确处理、快速与不失真地传输、高效地组织与管理，它主要是指（　　）等。

A. 系统科学、先进科学、信息科学、管理科学

B. 系统科学、行为科学、信息科学、管理科学

C. 系统科学、先进科学、信息科学、前沿科学

D. 行为科学、先进科学、信息科学、前沿科学

3. 按空间类型不同，可将会议室分为（　　）。

A. 开放型会议室和半开放型会议室

B. 封闭型会议室和开放型会议室

C. 封闭型会议室和非封闭型会议室

D. 半开放型会议室和非封闭型会议室

4. 在会议室色彩设计时，应该采用（　　）。

A. 绿色调　　B. 冷色调　　C. 灰色调　　D. 紫色调

5. 下列选项中，不符合员工办公室设计要求的是（　　）。

A. 平面功能分区要合理　　B. 地面要多铺地毯

C. 天花要做吊顶处理　　D. 风格设计要有个性

6. 会议室设计时，人与显示屏之间的最近距离大约为显示屏高度的（　　）倍。

A. 6　　B. 7　　C. 5　　D. 8

7. 下列选项中，不符合办公空间设计要求的是（　　）。

A. 要注重办公空间的节奏和韵律　　B. 多采用自动化办公设备

C. 要使用沉稳的暗色调　　D. 可适当引入自然景观

8. 公共接待空间主要用于在办公楼内（　　）。

A. 聚会、展示、接待、娱乐　　B. 聚会、展示、休息、娱乐

C. 聚会、展示、休息、举办会议　　D. 聚会、展示、接待、举办会议

三、判断题（正确的在题后括号内打“√”，错误的打“×”）

1. 行政办公空间就是党政机关办公空间。（　　）

2. 专业性办公空间为各专业单位所使用的办公空间，它可能是行政办公空间或是商业办公空间。（　　）

3. 办公空间的构成包括主要办公空间、公共接待空间。（　　）

4. 小型办公空间一般面积在 150 m^2 以内。（　　）

5. 交通联系空间一般是指水平交通联系空间。（　　）

6. 开敞式办公空间基本上由导入空间、通行空间、业务空间和闲暇空间组成。（　　）

7. 简洁明快是指办公空间色调统一，灯光布置合理，有充足的光线，空气清新，这也是由办公空间功能要求决定的。（　　）

8. 办公空间的设计需要考虑人的情感，照顾人的生理和心理需求。（　　）

四、名词解释

1. 办公空间

2. 概念设计

3．开敞式办公空间

4．SOHO 办公空间

五、简答题

1．办公空间主要分为哪几类？它们分别有什么特点？

2．简述设计企业样品展示区的注意事项。

3．会议室的分类方法有哪些？按不同的方法会议室可分为哪几类？

4. 简述设计会议室供电系统的注意事项。

六、方案设计

根据总经理办公室平面图，编制一个总经理办公室的设计方案。

1. 设计项目：杭州市某写字楼里的总经理办公室。

2. 户型结构：办公室面积为 81 m^2，层高为 3.6 m，平面图如图 3–1 所示。

3. 客户信息：该空间为一家室内设计公司的总经理办公室，客户偏好新中式风格。

4. 设计要求：设有办公区、洽谈及休息区、卫生间。要求功能合理，流线简明，注重软装搭配；整体色调简洁大气、和谐统一。

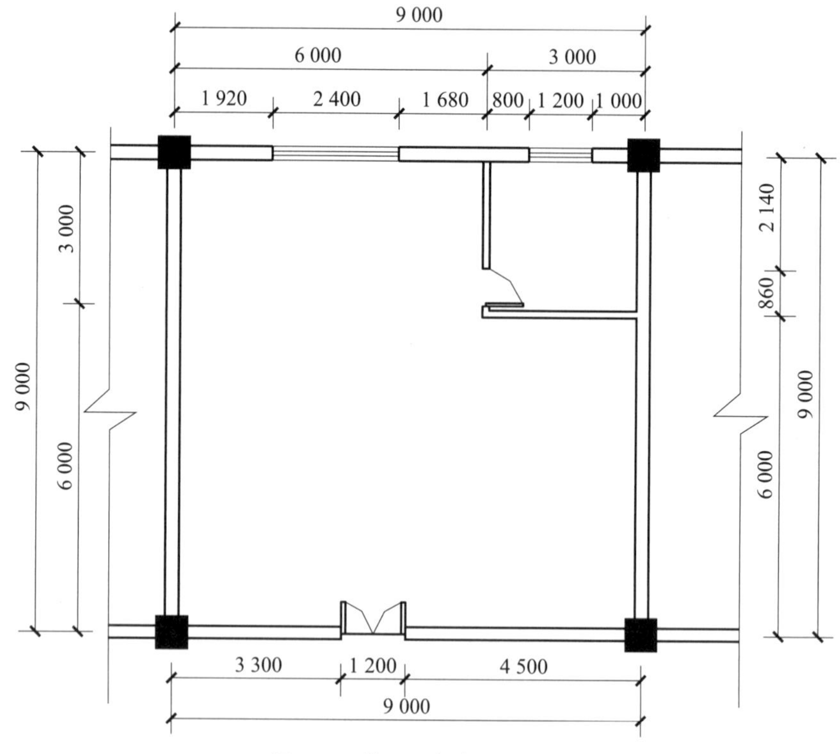

图 3–1 总经理办公室平面图

第四章 酒店空间设计

一、填空题（将正确答案填在横线空白处）

1. 酒店空间主要由公用空间、私用空间、____________和附属空间构成。

2. 在酒店空间设计时，应合理组织空间，根据____________选择设计风格、装饰材料及施工方法。

3. 酒店设计时，大堂的面积与____________有关。

4. 客房是酒店重要的组成部分，在多层及高层酒店中，若干个客房层的平面布局基本相同，这样的客房层称为____________。

5. 客房的单人床尺寸常常大于家庭用单人床尺寸，常用尺寸为____________。

6. 舞厅设计时，要以舞厅的____________和建筑主体的结构状况为依据，全面考虑舞厅的功能设计，以满足消费者的多种需求，增强对消费者的吸引力。

7. 洗浴中心装饰常以____________和马赛克为主要材料，以自由曲线和自由曲面为造型基础，利用各种几何造型及高科技照明技术，使空间具有现代、时尚、梦幻的特色。

8. 洗浴空间是桑拿房的主要空间，由____________、干蒸房、蒸汽房、按摩浴池和日式木桶等组成。

二、单选题（将正确答案的字母填在括号内）

1. 大堂中内低外高的双层台，内台高一般约为（　　）。

A. 0.8 m　　B. 0.9 m　　C. 1.0 m　　D. 1.1 m

2. 酒店内的商店按面积不同可以分为（　　）。

A. 小型商店、中型商店、特大型商店

B. 小型商店、中型商店、大型商店

C. 小型商店、中型商店

D. 中型商店、大型商店

3. 咖啡厅中分散布置的桌椅，桌子或为圆桌、或为方桌，一般都是（　　）。

A. 5 人桌、6 人桌、7 人桌　　B. 8 人桌、9 人桌、10 人桌

C. 4 人桌、5 人桌、6 人桌　　D. 2 人桌、3 人桌、4 人桌

4. 有些咖啡厅中会设置小舞台，为突出小舞台，一般可将其地面升高（　　）。

A. 150 ~ 300 mm　　B. 200 ~ 300 mm

C．250 ～ 300 mm　　D．300 ～ 400 mm

5．公寓式客房的最大特点是有（　　）。

A．客厅　　B．书房　　C．厨房　　D．娱乐室

6．下列选项中，最能体现酒店文化的是（　　）。

A．客厅设计　　B．卧室设计　　C．书房设计　　D．客房设计

7．双人间客房设计时，多用桌的宽度一般为（　　）。

A．300 mm　　B．500 mm　　C．600 mm　　D．700 mm

8．小舞台的面积一般为（　　）。

A．12 ～ 30 m^2　　B．30 ～ 50 m^2　　C．40 ～ 50 m^2　　D．50 ～ 60 m^2

三、判断题（正确的在题后括号内打“√”，错误的打“×”）

1．五星级酒店中必须有残疾人客房。（　　）

2．为打造大堂的氛围感，大堂地面多用木质材料装饰。（　　）

3．在星级酒店中，一般都会配备洗浴中心，洗浴中心经营的项目有很多，除洗浴之外，往往还包括美容、美发、健身、休闲、餐饮等。（　　）

4．桑拿房的面积视经营项目的多少和总体规划的面积而定，只用于洗浴的部分，可按每位客人 3 m^2 的标准进行估算。（　　）

5．酒店大堂是酒店的窗口，是宾客出入酒店的必经之地，环境的好坏和气氛直接影响整个酒店的形象，故多数酒店都将大堂作为装饰的重点。（　　）

6．设计酒店大堂墙面时多用石材、瓷砖和木材，偶尔也用玻璃、不锈钢、钢条、铁艺等做点缀。（　　）

7．服务台的后面或附近，应有一部分办公用房和附属用房，包括财务室、值班休息室、贵重物品保管室等。（　　）

8．客房面积不需要很大，有睡眠区就可以了。（　　）

四、名词解释

1．附属空间

2．套间客房

3．值班经理台

4．卡座

五、简答题

1．酒店大堂设计的要求有哪些？

2．简述总服务台的类型并分别说一说它们的特点。

3．简述我国酒店空间设计的发展趋势。

4. 舞厅设计的要求有哪些？

六、方案设计

根据某四星级酒店标准层客房平面图，编制一个酒店标准层客房的设计方案。

1. 设计项目：惠州市某四星级酒店。

2. 户型结构：客房面积为 30.2 m^2，层高为 3.6 m，平面图如图 4–1 所示。

3. 相关信息：该酒店 1 层为大堂，2 ~ 3 层为娱乐城，6 ~ 9 层为标准层，标准层客房风格为新中式风格。

4. 设计要求：客房风格为新中式风格，应包括睡眠区、休息区、卫生间、工作区、储物柜等区域。要求功能区划分合理，造型新颖；整体风格简洁大气、和谐统一。

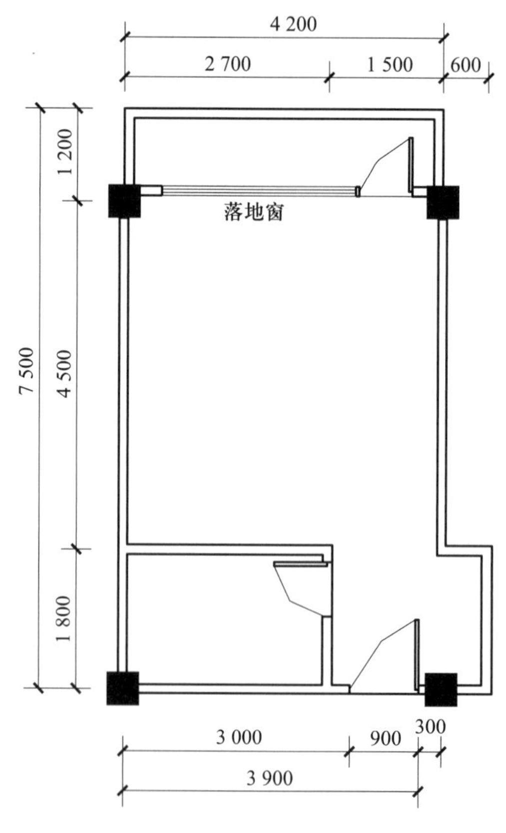

图 4–1 客房平面图

商店空间设计

一、填空题（将正确答案填在横线空白处）

1. 从广义上可以把商店空间定义为：所有与__________有关的空间形态。

2. 商店空间是__________的产物。

3. 顾客通道有__________和自由滚动式顾客通道两种类型。

4. 常见的运动展具有旋转台、旋转架、__________、半景画和全景画等。

5. 良好的商店通道设计能使顾客有舒适的购物体验，要认真分析人流的动向，按照顾客的__________合理设计商店通道。

6. 服装店布局是指服装店内的整体布局，包括空间布局和__________两部分。

7. 书店设计时，设计师要针对各种图书的尺寸、陈列特性、人们的购买习惯，以__________为依据，进行书架设计。

8. 设计师要根据书店__________、位置、现有和潜在消费群体特征及其消费习惯与品位设计书店的风格。

二、单选题（将正确答案的字母填在括号内）

1. 大型购物中心或商业综合体空间设计的核心是（　　）。

A．动线设计　　B．中庭设计　　C．空间组织　　D．灯光设计

2. 中型百货店的营业面积一般为（　　）。

A．10 ~ 1 000 m^2　　B．1 000 ~ 5 000 m^2

C．5 000 ~ 10 000 m^2　　D．10 000 m^2 及以上

3. 百货商店根据经营面积和经营规模不同可分为（　　）。

A．小型百货店、中型百货店、大型百货店和巨型综合性购物中心

B．小型百货店、中型百货店、大型百货店

C．小型百货店、大型百货店和巨型综合性购物中心

D．中型百货店、大型百货店和巨型综合性购物中心

4. 商店空间设计最有诗意的一部分是（　　）。

A．景观设计　　B．空间设计　　C．动线设计　　D．店面设计

5. 在中小型商店中，通过所有的陈列区的通道宽度应大于（　　）。

A．5 m　　B．2 m　　C．4 m　　D．3 m

6. 从视觉科学角度讲，更能刺激消费者视觉神经的颜色是（　　）。

A．黑白色　　B．黑白灰　　C．彩色　　D．无彩色

7．书店空间设计时，如采用木质书架，书架宽度不宜超过（　　）。

A．600 mm　　B．900 mm　　C．800 mm　　D．1 000 mm

8．下列选项中，不符合服装店空间设计要求的是（　　）。

A．女装店应采用圆形、椭圆形、扇形等曲线图形组合成的图形装饰地面

B．试衣间应设置在隐蔽处

C．服装店内灯光的亮度要高于外部环境的亮度

D．可在墙壁上设置陈列台

三、判断题（正确的在题后括号内打“√”，错误的打“×”）

1．商店空间泛指为人们日常购物等商业活动所提供的各种场所，构成种类繁多。（　　）

2．商店空间布局设计主要考虑人的流动。（　　）

3．旋转架主要是在纵面上转动的，其优点在于可以充分利用高层空间。（　　）

4．百货商店是指有多种商品销售，主要以售货员介绍商品的销售形式为主的商店空间。（　　）

5．小型百货店的设计重点是货架设计。（　　）

6．识别标志信息详尽、有设计感是导购系统设计的主要原则。（　　）

7．根据购物顺序可以把商店空间的通道划分为主通道与副通道。（　　）

8．中小型商店的“凸”字形通道设计，可以避免消费者视线受到阻隔。（　　）

四、名词解释

1．自由滚动式通道

2．专卖商店

3. 动线设计

4. 立地调研

五、简答题

1. 普通商店的平面布局方式有哪几种？它们分别有什么特点？

2. 服装店布局设计时，应该考虑哪几方面？

3. 书店设计的基本理念有哪些？

4．商店通道设计应遵循哪些原则？

六、方案设计

根据某服装专卖店平面图，编制一个服装专卖店的设计方案。

1．设计项目：广州市某服装专卖店。

2．户型结构：面积 48.6 m^2，层高 3.2 m，平面图如图 5–1 所示。

3．客户信息：该店铺位于花都新华步行街，该服装店沿街开设，代理儿童服装品牌“衣拉拉”。

4．设计要求：为专卖店设计橱窗展示或橱窗广告，店内应设有服装展示台、陈列柜、存货柜、1 个小型试衣间、收银台等。要求功能区划分合理，设计新颖，环境舒适；整体色调简洁大气，和谐统一。

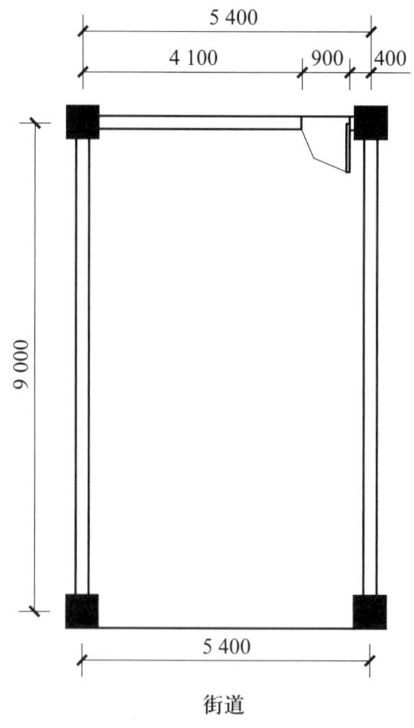

图 5–1　服装专卖店平面图

第六章 餐饮空间设计

一、填空题（将正确答案填在横线空白处）

1. 餐饮空间主要由____________、厨房区、配套设施区、衣帽间、门厅或者休息前厅等部分构成。

2. 每个餐饮空间都有其风格与主题，而这个主题又与____________息息相关。

3. 西式餐厅一般以刀叉为餐具，菜品以西式菜为主，多使用________餐桌。

4. 在客人进餐的时候一定要确保环境的温馨，应尽量选择__________为主的色调来进行餐饮空间设计。

5. 餐饮空间的通道设计应流畅、便利、____________，尽量能够方便客人。

6. ____________是餐饮空间内外联系的总枢纽。

7. 大堂墙面设计以主要____________设计为中心，它是大堂立面设计的重点，它的造型应与餐饮空间的风格相协调。

8. 包厢是指餐饮空间中相对独立的____________空间，能满足 4 名以上顾客同时就餐的需求，具有一定的私密性。

二、单选题（将正确答案的字母填在括号内）

1. 下列选项中，不符合餐饮空间功能区规划要求的是（　　）。

A. 餐饮空间的通道设计应能够方便顾客流动

B. 通道标识要简单易懂

C. 顾客通道与服务通道要交叉使用，以提高通道使用效率

D. 服务通道不宜过长

2. 两人用方桌的尺寸宜为（　　）。

A. 600 ~ 900 mm　　B. 800 ~ 900 mm

C. 900 ~ 1 200 mm　　D. 700 ~ 900 mm

3. 标准型卡座的长、宽、高分别为（　　）。

A. 130 mm、80 mm、110 mm　　B. 110 mm、80 mm、110 mm

C. 100 mm、65 mm、110 mm　　D. 120 mm、70 mm、110 mm

4. 小型包厢的面积一般为（　　）。

A. 15 m^2　　B. 12 m^2　　C. 18 m^2　　D. 20 m^2

5. 下列关于前厅的描述错误的是（　　）。

A．前厅是餐厅入口和大堂之间的一个过渡空间
B．餐饮空间的人流量由前厅控制
C．前厅是餐饮空间的门面担当
D．前厅内一般会设迎宾台，迎宾台大小与餐厅规模有关

6．两人用圆桌的直径最小为（　　）。

A．850 mm　B．950 mm　C．1 150 mm　D．1 250 mm

7．为减少对顾客用餐情绪的影响或干扰，动线适宜采用（　　）。

A．曲线　B．直线　C．不规则线段　D．S 形线条

8．六人用长方桌的尺寸一般为（　　）。

A．1 500 mm × 650 mm　B．1 500 mm × 750 mm
C．1 800 mm × 650 mm　D．1 900 mm × 800 mm

三、判断题（正确的在题后括号内打“√”，错误的打“×”）

1．中式餐厅是指提供中式菜点、饮料和服务的餐厅。（　　）

2．中式餐厅的空间布局美观雅致，宽敞整齐，讲究主次分明、疏密有致，各服务区域设置合理。（　　）

3．服务通道设计讲究高效，应尽量都是同一个方向的。（　　）

4．餐饮空间功能区划分时，应使动线清晰，各个区域在功能上划分明确，以减少相互之间的干扰。（　　）

5．前厅休息区面积大小和座位多少视餐饮空间的风格而定。（　　）

6．前厅设计时应该考虑空间的流畅性，使空间宽敞明亮，令人感觉舒适。（　　）

7．大堂墙面的主要背景墙造型应与餐饮空间整体风格相协调。（　　）

8．包厢中应使用相对较暗的灯光，以打造氛围感。（　　）

四、名词解释

1．主题餐厅

2．体验经济

3. 散座区

4. 包厢

五、简答题

1. 卡座有哪几种？请分别说　说它们的特点。

2. 餐饮空间的前厅有哪些作用？

3. 餐饮空间设计需要遵循哪些原则？

4. 简述包厢的类型并说一说它们的特点。

六、方案设计

根据某咖啡厅平面图，编制一个咖啡厅的设计方案。

1. 设计项目：北京市某咖啡厅。

2. 户型结构：面积为 120 m^2，层高 3.8 m，原始结构如图 6–1 所示。

3. 客户信息：该咖啡厅开在一个商场内，店内无洗手间。设计风格为工业风格，其他设计细节自定。

4. 设计要求：咖啡厅内应设置客席桌椅、糕点柜台、收银台、有小型操作台的厨房及备用间。设计时，要标注上下水管引入位置和路线。要求该餐饮空间功能区划分合理，设计新颖，环境舒适，格调优雅清新；整体色调简洁大气、和谐统一。

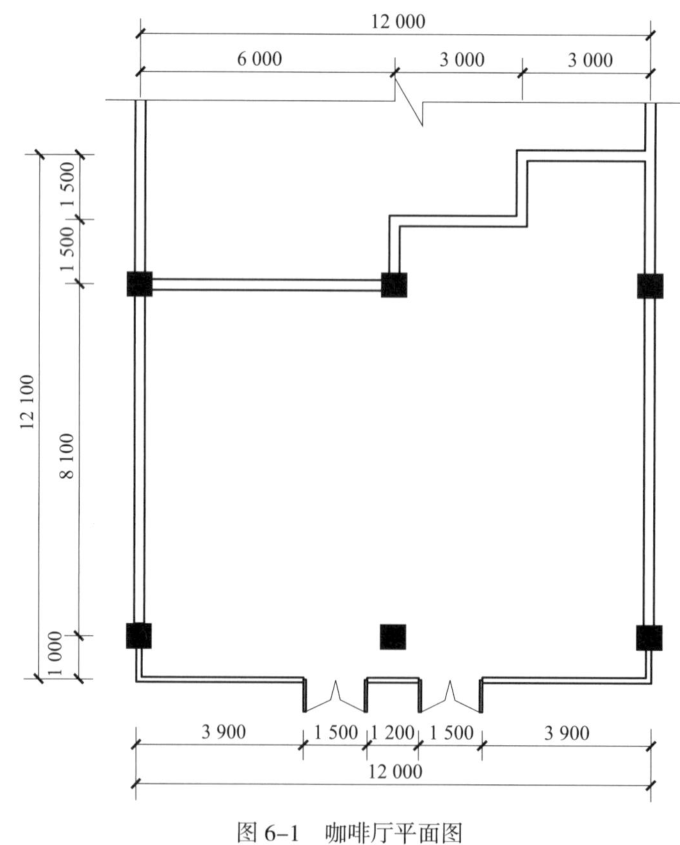

图 6–1　咖啡厅平面图